創業不困難

創業達人
Andy Ann 著

序

香港人需要去「博」！

這是一本我寫了三年才終於出版的創業心得書，之前我想慢慢來吧，因為不想教壞別人，希望分享的每一段經歷和心得都對讀者有些幫助。隨著年紀增長，人生觀也在隨之變化。回頭看看以前所做的事情，深感一切都是值得。我得到的不是金錢上的滿足，而更多的是創業過程中，所積累的無價經驗同自我提升，不踏出這一步的你，不會體會到這份為自己而「博」的成就感。

說起我的創業路程，想想都已經有十八、九年了。這些年來，我始終覺得「創業精神」是香港人非常需要的！就像我們上一代和上上一代的香港人，他們很多都是創業家。當然，以前從來都不會說「創業」這個詞，而是說「打天下」，就像前幾年宣佈退休的李嘉誠先生都說自己只是做生意，並非創業。

創業不困難

其實，戰後的香港主要就是靠一班創業人，令香港成為享譽全球的國際金融大都市和頂尖市場。在這裏，不論金融、地產、出口、貿易、旅遊等等都發展得有聲有色。我真心希望這種精神不要有「斷層」，即使到了現在這個年代，依然很需要人去創業。如果要令香港繼續前進，就要不斷創造和創新。這樣，年輕人才不需要局限於畢業後僅靠打工過活，亦或者，讀了甚麼科目就只能在這些行業的框框內做選擇。相反，創業所帶來的一切是無限的，是不可預估的。因此，我希望能透過這本書來鼓勵年輕人放膽去追尋自己的夢想。

另一方面，我知道有很多正在打工的人都有自己的理想，亦想創一片天，卻只停留在「想」的階段，而沒有踏出多一步去做。除了個人因素之外，我認為跟香港本身缺乏創業知識也息息相關—香港是一個專業的城市，尤其在服務、管理等方面，是首屈一指的。但是在創業層面，不少人缺乏膽識，因為香港是一個相對穩定的市場，稅制低，不少業務及發展都傾向於需要被肯定，久而久之，也漸漸使人缺乏了一種要去「博」和走出安逸區（comfort zone）的心態。所以，在鼓勵大家創業之前，首先要改變打工求安穩的狀態，把個人生活層面的事業，擴展到整個香港市場的前進，才會有創業精神。即使是大企業轉型，也必須要有創業精神，才能求變和突破。

這些年，我也觀察到香港市場整體傾向於平穩狀態，一直以來也沒有大轉變。事實上，創業人士也並非沒有，在香港開公司一點也不難，只要獲取商業登記就能擁有一家公司，也不一定要租用辦公室和聘請員工。然而，香港創業的失敗機會卻很高，很多人成立一人公司，一旦到了瓶頸就選擇結束營運，整個過程不夠三年，壽命很短。而失敗後再創業的人更少，因為前車之鑒，也感覺丟臉，不願再「博」，加上香港生活壓力大、樓價高、租金貴、投資風險大，輸掉之後也未必再有精力和財力去重新開始，身邊的人更未必會再支持，所以大部分人最終也就回歸社會繼續打工。少了身邊人的支持，又缺乏相關企業和機構的支援，例如政府招標都不太考慮找初創公司，起碼要營運了十至十五年，才會考慮給這公司投標機會。 但在國外，很多人創業失敗後便捲土重來，不會被過去的失敗經驗窒礙了自己的理想。老實說，要城市增值、有競爭，就要有一個給自己失敗的機會的心態！

所謂創科、創新，總有過程，不會一次成功，但若政府、合作夥伴不給予支持，你就放棄，那何來創新？例如發明家愛迪生創造電燈，也失敗了一千六百多次， 雖然失敗了這麼多次，身邊的人，尤其是自己都依然肯給予機會去堅持，才會有今天的電燈；又例如肯德基的家鄉雞，也是做好食譜之後經歷多次敲門之後才有人願意合作。

不要因為失敗而感到丟臉，一旦有了這個心態，就好難創業！創業，應該接納挫敗、錯失感，不要認為「醜事不出門」，反而應該把失敗說出來。我也會通過這本書分享自己大大小小的失敗經歷，希望能鼓勵大家，以此作為借鑒。

Contents

Chapter 01

一家公司的誕生

我不是一畢業後就創業的，也經歷過打工，也是在打工的日子中突然有一天開始想：現在打工，是在幫我的老闆實踐他的夢想、建立他的公司，所做的一切都是在行他的方針、理念、態度、目標……那我自己又想做些甚麼？

夢想是由無限想法創作出來的。

是否一定要有錢才能創業

我不是一畢業後就開始創業的，也經歷過打工階段，也是在打工期間突然有一天開始想：現在打工，是在幫我的老闆實現他的夢想、建立他的公司，所做的一切都是在走他的方向、理念、態度和目標，那我自己又想做些甚麼？為何我不能有自己的夢想、公司、團隊，請其他人來走我那一套？所以，當我正式出來創業時，最初其實也沒有想太多，更加沒有甚麼計劃或者一些本身很想實現的東西，純粹是因為有一個「不如試下」的想法！很多人在創業前都有一連串的計劃及要達成的目標，甚至做好一連串的市場調查去評估是否值得投資等等。按我的創業經驗來說，我認為無論你有多詳盡的計劃都沒有用，因為一開始創業，就是開始嘗試，只要全情投入去嘗試就足夠了，在過程中一邊做一邊認識和摸索，便會有意想不到的收穫，即使是失敗，也是寶貴的經驗。

A dream is created by many thoughts，夢想是由無數想法創造出來的。創業其實有很多基本理念，起步點就是要有一個想創業的念頭—不只是空想而甚麼都不做。例如以「創業」（夢想、意念）作為中心點，那便需要考慮公司的地點、服務／產品性質、合作夥伴、聘請甚麼人、需要多少員工、有沒有資金、有沒有銀行借錢、是否需要融資等因素。而如果這些只是空想，那這一切與「創業」之間的關係，就是虛擬的，只能以虛線聯繫著，因為兩者沒有實際聯繫，但當你開始行動，虛線便會逐步成為實線。

很多時候，金錢似乎是決定你是否要創業之前最關鍵的因素，很多人以為沒有錢就不能創業，但只要尋找到合作夥伴，就解決了金錢的問題。事實上，創業並沒有既定的步驟，只有是否踏出這一步，你才會知道機遇會在何時出現的。譬如找到合作夥伴，他懂得融資，可能就解決了金錢的問題。總之踏出第一步，意念便會隨之而開始變成真實。意念很有趣，不同考慮因素之間，是有「共振效果」的，只要你願意提出公司的宗旨、目標、願景及需求等等，也許慢慢便有人回應你及願意幫忙、合作，例如會有投資者認同你的意念、想支持你，便會投資你的計劃。最後，當所有虛線變成了實線，那你可能只需要努力做好三成，之後的七成就自然會來。

創業不困難

創業最大的阻力，往往是那些在過程中打擊你的人和言語，例如有人會說你的計劃都是天方夜譚，或說你的念頭人人都能想到根本沒有新意……這些話語，最容易令人放棄，回到原點。人一旦衝破不到這些障礙，就會開始說服自己沒有經驗、要存錢、遲點再施行。但有些人會義無反顧，決定豁出去再算！例如我一直希望出版這本書籍，但身邊不乏一些聲音，說香港人不喜歡創業和閱讀，不會有人買之類的話，如果我這樣就放棄，沒有打電話找人介紹和瞭解，大家就不會看到這本書上市。所以要行動，才會有突破。

如果你不追隨自己，那你的人生就是在追隨別人的夢想。其實，夢想是每個人生命中很大的推動力。對於別人來說，你個人的夢想不論是大小、成功與失敗，他們都不會在乎，有需要給予意見的時候也只會隨意說兩句，因為這一切都與他們無關。所以，如果我的夢想能影響別人，那就會成為我的動力。

也許很多人一開始創業都是為了自己，原因也可能很直接、簡單和純粹，例如想有自由時間、不想打工受到束縛……但如果去到某個階段，你開始希望自己所創的業務能幫助到別人，那就向前踏進一大步了。

It doesn't matter how strong
or capable you are; if you don't
have a big heart,
you will not succeed.

— Li Ka-shing

創業就是要不斷告訴別人
自己的意念和願景。

跨越「理念」的限制

我曾經認真思考過自己的生活想走多遠，究竟希望從生活中得到些甚麼？我明白一切都是為了自己而開始的，也絕對相信在我這個「人生遊戲」中只有向前，即使遇上風險，都只可以冒著風險堅持向前走。 而很多人即使決心開始創業，內心也不踏實，總會一邊打工一邊創業，結果兩頭不到岸，不但自己的公司打理得不好，工作也做不好。所以騎驢找馬也是很常見的情況。當然，也有些是成功例子。但我個人看來，這樣最終也不會太順利和成功。因為，所謂創業家，就是要有「踏出去就預計會遇到挑戰」的心態，一旦怕失敗就不應該創業。因為所有東西都是想出來的，除了要創造的生意，還包括「怕失敗」的心理，但如果因為怕失敗而不踏出去，就有點遺憾了。所以說，創業不是適合每個人，只是適合一些願意面對失敗，以及會在失敗後重新站起來的人。因此在開始之前，也要先認識自己！

決定創業後，就不要被任何因素限制自己的意念延伸，更不要被別人的想法限制，就按自己的心意去一步步推進、落實。曾經有人問我為何不介意將自己的經歷告訴別人，其實這不需要介意，因為創業就是要不斷告訴別人自己的意念和願景。很多人認為不能隨便把自己的意念分享出來，一不小心便會被人偷掉。多年來，我聽到了很多看似令人興奮的說法，例如我經常會聽到一些嶄露頭角的企業家輕聲跟我說：「請保密，因為我有這個改變世界的獨特想法。」但世界其實很大，你的一個意念或想法，並不是憑空創造出來的，很多人都能想到。如果你說給一百個人聽，真的會跟著去實行的又有多少個？估計最多只有十個。十個當中又有多少個會成功？我當三個吧。那麼，與其把成功實現你意念的三家公司看為敵人，不如和他們合作吧。所以，我認為不需要畏懼跟人說自己的想法。你有想法就說，不斷說，同時不斷做。當有成績，就有人會來幫你一把。但你不說不做，別人很難知道要怎樣幫你的。這些過程，其實會給你帶來滿足感和成就感，而這一切，也會成為你最大的動力。

所以，每當我開始創業時，幾乎會告訴我遇到的所有人。例如在 2010 年，我想創辦一家移動圖書公司，我覺得 Kindle 閱讀書籍的趨勢會繼續發展，但 Kindle 沒有中文書籍。因此，我向許多人詢問，因而可以肯定我的想法確實有市場需求。事實上，大多數中國出版商都不知道將中文書籍轉換為移動數字格式的技術。然後，我問了一位在諾基亞工作的朋友，他說他認為這是一個很好的主意。那是諾基亞被淘汰的一年，我和朋友一起做，幫助中國出版商將所有書籍轉換成 iOS 應用程式。我們一起想名字，最終想出了「Handheld Culture」這個名字。於是，我們在兩個月內建立了一個平臺，並與一家數字印刷公司合作營運 Handheld Culture。我們走了超過十五家出版商，希望能夠在一個月內將一千五百多本書籍數字化。在那些日子，如果你進入 iTunes 的書籍類別，你會發現，頭一百本電子書中，我們擁有八十本。然而，我們在一年後就結束了這個合作，因為沒有多少中國人真的願意為了下載書籍而付錢。但無論如何，這個例子只是想告訴大家，不要隱藏你的想法，否則你的想法又怎能實現？

創業，並不是單靠一本教人創業的書，跟著書裡那十幾個步驟做下來就可以做到的；也不是拿到個商業登記，開始運作公司，就叫做創業成功。我從來沒有見到一個創業家是想到一個理念，卻甚麼都沒有做就突然發達了。事實上，過程中的甜酸苦辣，總是不為人所知。而我認為創業過程中最奇妙的地方，就是發現自己可以「創造」！過程是摸著石頭過河的，並不是想要甚麼就能得到甚麼。如果你享受過程，即使你遇到很大的難題，相信都可以解決得到，更能在過程中認識自己。很多時候都是走到某一步才發現問題所在，或知道自己要甚麼，欠缺甚麼，然後才開始思考要怎樣開始走，如何推動等細節，漸漸

Don't attach your happiness to your goals. Be happy before you attain them. You'll find attaining the much easier when you make the journey and not destination the key to your happiness.

—— Vishen Lakhiani

就解決了問題或創造了新的事物，如新的業務、產品、服務諸如此類。例如現在我由出書的「理念」開始，到這本書面世，也給了我很大的滿足感，更何況是一盤生意！所以我的整個創業路程，由開頭到中段的想法都很不一樣。

一次，我獲邀出席了《摩西計劃》（MOSE project）分享自己的創業生涯。我分享了一句話：「Instead of thinking becoming the next billionaire, maybe it's time to re-define "billionaire". Maybe a billionaire is about helping a billion people instead of making a billion dollar.」即是與其去想如何成為下一位億萬富翁，或許是時候重新定義「億萬富翁」了；也許一個億萬富翁是需要去幫助十億人，而不是賺取或擁有十億美元。如以港人熟悉的說法，就是與其去想自己如何成為下一個李嘉誠，不如想下自己如何能幫到別人。

Everything you can imagine is real.

— Pablo Picasso

當時，很多年輕人在場，他們都希望知道一些創業的實際操作及需要注意的地方，例如如何製作一個受歡迎的 App、如何做下一個「Uber」等，而我分享了我這個真實想法後，發覺台下的年輕人開始變得不好意思。現在很多人創業都是在想自己如何賺錢，如果我真的能影響一群年輕人，使他們有共鳴，令他們不會無聊去做一盤生意出來的話，也會為我帶來很大的成功感。

創業不困難

你能否掌握成功
就看你能否掌握問題所在。

金錢能保證創業成功嗎？

其實，從無到有就等於一粒種子成為一棵樹、一朵花的感覺。當你感受過由「0」到「1」的過程，很多問題你就不會再問，例如「有沒有錢」這個問題，因為你知道很多東西都是可以創造出來的。舉一個例子，假設我給你一億，你可以擔保自己能成功嗎？你懂得如何運用這筆錢嗎？很多人都說沒有錢創業，但是否能在五年內用這一億成本賺到一億五千萬？又或者，你可以將一億變成十億嗎？你當然可以去買股票，但那就是市場炒賣、投資，不是創業了。創業，是將沒有的東西創造出來，也是因為你看到市場有一些問題、缺乏的東西，你想透過自己的業務去解決及補足，創造一個新的環境。所以，金錢是不能保證你創業成功的。

你是否能掌握「成功」，就看你能否掌握「問題」的所在。當你肚子餓，如果我無法提供食物，你是不會給我錢的；而假設你是素食者，我給你一個漢堡包，亦解決不到你肚子餓的問題，同樣無法收到錢。而如果你不是素食者，又肚餓，我給了你一個漢堡包，你付了錢，解決了肚子餓的問題後，我再給你一千個，你也不會再買吧，因為你已經吃不下了。以上例子中，你肚餓就是「問題」，而我給你漢堡包解決了你那一刻肚餓的問題，就收到三十元，而如果你能解決更多的問題，你收回的金錢就自然更多。這就是問題所在，也是創業的價值，解決到愈深奧的問題，所賺到的就更多。「金錢」、「成功」，只是解決「問題」後的「附屬品」，不是要去追求的事物，它只是「成功」後所得到的其中一些東西。而現在，很多人都認為「金錢」是創業所追求的唯一結果，但其實那只是會伴之而來的其中一樣事物而已。

We are all here for some special reason. Stop being a prisoner of your past. Become the architect of your future.

—— Robin Sharma

史丹佛大學曾推行過一個活動，學生們進入到課室後就收到一個信封，信封內裝載了一個數目的成本，供學生們「創業」。取了信封後，大家便分隊出去想一個生意模式，兩日後回到課堂看看賺了多少。兩天後，學生們回來了，有幾組學生分別賺了六百元、一百元、三十五元，有趣的是，這些賺了錢的組別都沒有開過信封；而打開了信封的學生，反而賺不到甚麼，因為信封只有五元，根本沒有太大幫助。經過瞭解，賺錢的組別在那兩天在學校幫人洗車、換輪胎、排隊……其實，價值就是這樣製造出來的，如果你不去製造價值，那給了你金錢也無法發揮作用。

當你製造了價值，商業的運作模式就自然而然誕生了，能否「成功」，就是看你是否保證你能創造到價值。如果你是為「大眾」創造價值，那「成功」的機率會高些；如果是為「自己」製造，那就會很低，除非你所創造的價值（個人需要），能代表一群人，或與他們的需要一樣。例如你個人很喜歡貓，

I have not failed. I've just found 10,000 ways that won't work.

— homas A. Edison

所以開貓店，你的貓店未必能賺取很多金錢，因為「愛好」不能與「利潤」畫上等號。但如果你找到一群喜歡貓的人，你就有機會賺取「利潤」，這也是很多藝術家一直都無法賺錢的因素，因為他們所創作的只是自己的「愛好」，未必是大眾所喜愛或需要的。說穿了，那已經不是生意，只是個人興趣了。所以很多為了興趣而創業的人均是失敗居多，因為他們的目的只是為了自己開心，而沒有考慮到市場（其他人），我過往也有因此而失敗的經歷（之後會分享）。其實從來都沒有人說過，創業一定要開心的。

不少人打從一開始就不知道自己為何要創業，多數都只是為了錢，而為了錢而創業的人也以失敗佔多數。沒有人一開始就賺錢，雖然的確有些人用了很短時間就賺取了足夠的金錢然後結業養老，但無可否認，他們背後是付出了更多的努力。

創業最大的問題就是

你未意識到眼前的【問題】。

創業將遇到的最大問題

很多人在創業過程中都會遇到很多大大小小的問題，如果問我當中最大的問題是甚麼？我想應該是一些在我眼前一直發生的事情，而我卻在當時未必立刻意識到那就是「問題」的問題，所以無時無刻都要深入瞭解自己每一步在做甚麼。

營運一家公司不容易，當中要解決很多狀況，例如招聘、處理出入貨、行政等問題。如撇除這些問題，只談生意部分，若一日有一千張訂單，也需要來得及跟進才能上二千、三千張訂單，甚至更多。而且，當公司逐步發展、擁有了市場後，就要開始面對更實際的問題了，那就是「市場及運作」。你需要掌握市場的大小、受眾、變化等，也需要小心保護自己的產品理念，盡量避免被同行抄襲等等。而這一切運作當中，又有其自身的一些問題需要處理……很多人到了這些階段就開始承受不了。其實，解決方法也不是太困難，如果認為自己真的不想面對，或者做不到，那便聘請專業、合適的人去做，只要你願意及放心。

Action is the most important key to any success.

—— Tony Robbins

其實，在我創業初期是完全沒有想過要去解決任何問題的。創造一盤生意，純粹是因為我不想打工，想擁有多一些個人時間和空間作為自己創業的出發點。但當運營了一段時間後才發現，我一直追求所謂的夢想，其實對市場基本沒有什麼價值，因為我只選擇自己有興趣的事情做，導致公司利潤增長幅度不大，這不是一間正常公司的運作模式。這也讓我領悟到：如果公司真正要做大，需要考慮到如何可以幫助別人解決他們的問題，只有當他們因為你的幫助而產生更大價值，自然你所獲得的價值也會更多。所以，創業不是只做自己喜歡的事情，亦不是為了獲得更多自己個人空間而去做的事。

創業不困難

別人常問我為何喜歡連續創業，回想自己前前後後都創辦過二十多間公司，不斷嘗試、失敗、嘗試、失敗……後來才發現，我不是想體現自己多有創造能力，只是在追求一種不會沉悶的感覺。多次經歷讓我發現自己是喜歡「創造」的。可以說，我是一個好的創造者，卻不是一個好的行政總裁（CEO）。因為每個人都有自己擅長和相對薄弱的地方。所以，你需要多瞭解自己的性格和盲點。對於自己不擅長的部分，不妨放手交給更加適合的人，協助你一起去運營公司多方面的細節，這樣你的公司才會不斷壯大。

能掌握時間是創造價值的關鍵。

如何掌握及運用時間？

關於很多人說沒有金錢創業，前文已經推翻了。另一個很多人時常提及的「難處」，就是沒有時間。我認為這也不是無法創業或創業失敗的原因，因為有沒有時間，在於如何利用時間。我爺爺曾經跟我說過，每個人生來都是高矮肥瘦、美醜、高低無法選擇的，但有一樣東西是人人都共同擁有且十分公平的，那就是人人都擁有二十四小時。如何掌握和運用這二十四小時，是你可以選擇和控制的，而掌握時間對創業家來說，也是很重要的！創業後，你就會發現你不再是「朝九晚五」，而是二十四小時的時間和空間都和你的生意息息相關了。

所以很多人問我：「Andy，為何你可以做到這麼多事情？」我先舉個簡單例子，你在賭場賭六千元，輸掉和贏了六千之間的差別是一萬二千元。其實時間也一樣，一年有五十二個星期，當中所有星期六日加起來有一百零四日，相等於三個半月時間。那麼，如果你玩了三個半月，而我則工作了三個半月，那我和你之間的差距，就差不多七個月時間了。

The path to success is

to take massive,

determined action.

— Tony Robbins

我之所以能做到這麼多事情，是因為我把握了每個星期六日的時間，沒有去遊玩、休息、旅行等等，爭取時間為業務創造價值。那麼，當你持續創造價值，但你身邊的朋友則把時間花在放假的事情上，那你和朋友之間的距離就會漸漸拉遠。還沒有計算一日工作多長時間，星期五晚上的時間如何運用等等。其實算著算著，你就會知道人生剩下多少時間。例如每天要花八個小時睡覺，那一年就已經少了三分之一時間工作，再加上浪費在交通、吃飯、上洗手間、洗澡及與人爭執等，又失去了八個小時，那只有剩下八個小時工作了，而這八小時的生產力又如何呢？如果只有兩小時有生產力，那一個星期就只有十四個小時的生產力了。回想，其實人生的確只有很少時間。

能掌握時間，是創造價值的關鍵。我覺得越年輕越要去瞭解時間的重要性。以前很多年輕人去打遊戲被說浪費時間，而現在有了電競，打遊戲都可以賺錢了，那就變得有價值了。所以，時間有用還是沒有用，主要看你能否計算到和用到出來。

提問的力量。

善於溝通的能力

初初創業的頭十年，我是不會向人提問，也不會找人幫忙的。經過了一些時間，才慢慢發現「善於溝通的能力」是非常重要的。你會發現，只要願意問，有很多東西都是可以做到的。那不發問的原因又是甚麼？很簡單，就是覺得別人不會支持，所以不問。

其實，如果能問了再算，對結果抱著無所謂，不行就不行的心態，那你所得到的將會是無法預計的好處。所以我慢慢開始嘗試提問，又會上一些課程去認識和學習這個課題。我曾上過一個叫做「negotiation」（談判）的課程，導師說有一個問題曾幫助他節省了四百萬美金，那就是：「Is this the best you can do?」（這是你所能做到最好的嗎？）他叫我們嘗試周圍去問問這個問題。

If you really want to do something,

you'll find a way.

If you don't,

you'll find an excuse.

— Jim Rohn

有一次去酒吧，我嘗試用導師的方式做了一次實驗。當調酒師斟了一杯威士卡給我，我就問：「Is this the best you can do?」他果然多給了我一些。到第二晚，我又問了同樣的問題，他竟然給了我兩杯威士卡。後來，我同朋友分享了關於這個實驗的效果，並讓他也試試與侍應溝通，結果，我們還是得到了不錯的效果。

以上只是簡單例子和個人實驗，但由此可以看到善於溝通是有效的一種能力！只要你願意問，及使用正確的方式和方法去問，其實有很多人都願意幫助你的生意。例如我想找一些前輩輔助我的生意時，我通常都不敢問，但我後來沒有辦法，也問朋友可否作為師傅幫助我，我才發現，其實很多人都很樂意在自己成功了之後，跟別人分享成功之道，但前提還是要肯去問。這也是很重要的！

擊破內心恐懼，

將一切不好的都變成動力。

擊破內心的恐懼

恐懼，總是潛藏在人的內心，但內心有 99% 的恐懼都是不會發生，也沒有人會在乎，只有自己在意。即使身邊的人在乎，給予意見又如何？其實要做好一件事，理會太多人的感受，事情是永遠都做不好的。不是要完全不理別人感受，但不能因此而沒有了自我。我們的大腦每一天都想很多事情，假設想了六萬次，可能有五萬五千次都是負面，只有五千次是正面的。當在自己的腦海中打滾，已經存在那麼多恐懼的時候，再加上外面令人更加恐懼的聲音，其實就甚麼都不用做了。分享這些，並不是要你忽略別人的感受和意見，但絕對不能因此失去了自我。

創業和打工的心態是很不一樣的，打工是有保障的（定時發薪），心情很平坦。而創業的過程中，心情就像過山車一樣，高高低低。也是這些時候最能認識和瞭解自己，不論開心和不開心，都是極點，所以時常會處於兩極狀態。當中，構成情緒低落和迷茫心情的因素，莫過於沒有錢發薪水和交租金，持續找不到生意，及無法掌握或握緊市場的變動等，這些無助的感覺，也會使公司士氣低落，身邊的家人、朋友，甚至社會，也不明白自己。那可以怎辦？放棄？堅持？學習？衝破盲點？釋放自己的情緒？……當很多情緒交集，你可能不知道自己想怎樣，或該怎麼走下去。但當你走到高峰時，又會覺得自己很無敵，那時你會目中無人地享受成果，還是虛心地繼續自己的事業？又例如一些競爭者的出現，該如何應對？例如被出賣，同事辭職搶生意等，一切起起伏伏，我都經歷過，當中的心情我最清楚不過。所以在每個情況當中都要懂得控制自己的慾望和恐懼，這是很重要的。而這些也只要經歷過創業的起伏，才能切身感受到的心情。

縱使在營運公司期間會遇到高低起伏，但只要「通」，一切都總有解決方式。有言「一不通，百不通。一通，則百變」，一「通」，就很多東西都可以改變。你需要學習掌握自己心情的高低起落，那便能隨之控制到環境因素，這樣就能想通，衝出突破點，到達另一個境界。屆時，就不會有那麼多虛擬的恐懼和壓力，你會突然發現：原來如此！所以，無論你正在面對甚麼難題，或想像有甚麼問題迎接你，請不要擔心，因為擔心沒有用，大部分憂慮都是來自心理障礙，只要能衝破心理關口就可以。

創業不困難

Dream big.

Start small.

But most of all, start.

—— Simon Sinek

另外， 阿諾舒華辛力加曾說過一句話： 「Ignore the Naysayers !」（不要太過在意反對的聲音！）這對於企業家來說，是尤其重要的一句話。當你為了夢想而奮鬥時，耳邊難免傳來不同的聲音。我建議千萬不要在開始前問人：「我的想法或夢想好不好？」因為當你收到支持和贊同的聲音，你又不去做，那就沒有意義。如果聽到的是反對聲音，難道你就此放棄？不去嘗試你又如何知道是不是可以做到呢？所以，只要你自己決定想要追求夢想，對自己的作為負責，那就足夠了。不要依賴於聽別人告訴你，這件事應該做還是不要做。往往聽了太多意見反而會影響你的判斷和決定。

一次，我為我的創業公司募集資金……

一位投資者說：「哈哈！十億美元的商業計劃放在我的辦公桌上，我都未必會花時間去看，那樣小的一個項目，為甚麼你認為我會對你的計劃感興趣？哈哈……」

我繼續找另一個投資者，他說：「這就叫做大數據？你知不知道甚麼是大數據？真正的大數據就是，你從賭場走出來一直走到的士站，我就已經知道你住在哪裏，那才是大數據。」

於是，我又了找另一位投資者，他說：「你知道嗎？無論你籌集五百萬還是五億，我做的工作量都是相同的，所以我認為我不能為你的小項目付出時間。」

之後，我又去了找另一位投資人，他說：「你的技術團隊很糟糕，你的麻省理工學院、哈佛大學、穀歌、IBM團隊在哪裏？對不起，我們不感興趣。」我沒有放棄，繼續找投資者，又聽到：「哈哈，你是一個持續創業家，怎麼會專注於這個行業？」

聽了這麼多，我依然選擇繼續我的旅程。最後，我總共找了一百四十五位投資者，被拒絕一百三十七次，但遇到了八個令人敬畏的支持者，因為有他們，我成功開展了我們的創業公司。雖然我們不是亞馬遜或阿裡巴巴，但我還是必須要為我的團隊感到自豪。現在，我們已經在大數據上佔據了巨大的全球影響力！

我選擇擁抱 Naysayers，如果沒有他們，我無法改善和成長。所以，不要埋怨不好及反對的聲音，埋怨沒有用，那無法改變事情。嘗試改變自己的思維，將一切不好的，都變成動力吧，那才是最重要的！

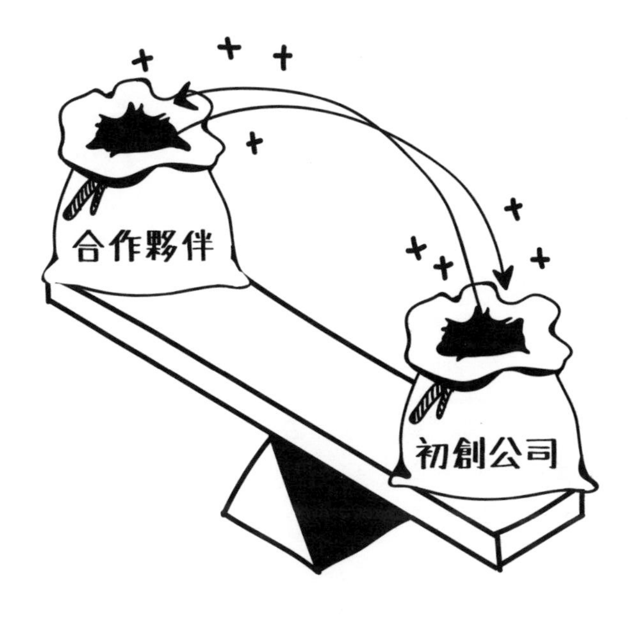

槓桿的力量。

槓桿的力量

初創企業，一般都沒有人理會，因為沒有人認識，所以是要靠一些東西去扶持：槓桿原理，借力打力。那麼，新公司要如何建立知名度，如何獲得認同呢？

很多初創企業都會努力去獲取一些有關初創企業的獎項，但不是每一家公司都能幸運地取得獎項，所以可以尋找其他高知名度的大公司合作借力。不要以為大公司不理會小公司，其實大公司最需要的，正正就是小公司。大公司是不會跟大公司合作的，而喜歡和小公司合作。這是因為知道自己可以對小公司有一定程度的控制，加上小公司速度快，夠創新，是有能力，有速度的合作夥伴，同時知道小公司有需要，他們有能力扶助小公司，可以把一些工作分給小公司做，以合作的模式去完成。只要小公司能承受到大公司的合作計劃，做得來，那大公司就成為了小公司的槓桿，逐漸建立知名度。例如我曾跟「麥當勞」合作，在這次的合作當中，我的公司其實不是賺了很多錢，卻能在市場上給客人留下印象，他們或許會覺得，這家公司能和「麥當勞」合作，那應該不差吧。那麼，到第二次再尋求其他公司合作的時候，他們知道我曾跟「麥當勞」合作，考慮的時間便會縮短。

舉個例子，那時我成立《大日子》雜誌，第一次出版就找了「郭晶晶」合作。其實我沒有郭晶晶的聯繫方式，但我的經理認識，於是我便透過他先問問郭晶晶有沒有興趣做封面，對方

Do what is easy and your life will be hard. Do what is hard and your life will become easy.

—— Les Brown

說可以。那我們就有了「郭晶晶」，我再去問「Cartier」有沒有興趣贊助郭晶晶拍我們的雜誌封面（以「郭晶晶」作為槓桿，吸引「Cartier」贊助）。最終，《大日子》的第一期，便就「郭晶晶」、「Cartier」作為我們的槓桿了。其實沒有人知道《大日子》是甚麼，但大家卻因為「郭晶晶」和「Cartier」而知道了。

It takes 20 years to build a reputation
and five minutes to ruin it.
If you think about that,
you'll do things differently.

— Warren Buffett

所以，槓桿作用對於初創公司來說，是一個非常好的策略，因為沒有甚麼可以讓你失去，也不一定需要花很多錢，就能換來「1 + 1 = 9」的力量。槓桿總是正面的，合作夥伴也清楚知道你在借力，只是希望達到雙贏的結局。沒有人希望做虧損的生意，所以當他們決定和你合作的時候，可能更不計算成本。最後請記住，你必須要學會克服恐懼，因為在談合作的時候，大公司決定是否要跟你合作的因素，當中除了市場潛力之外，還有你對自己的公司和計劃有多自信。

Chapter 02

創業後的發展

如何令公司由規模很小，逐步發展到高速增長，這是最困難的部分。如果你能在短時間（一年）內令公司高速增長，那公司發展的成功率就會很多。很多人在創業頭三年就失敗，因為他們不知道當中所需要投放的動力的重要性有多高。

只要能提升價值，就能增加客戶。

製造大趨勢

如何令公司由規模很小，逐步發展到高速增長，這是最困難的部分。如果你能在短時間（一年）內令公司高速增長，那公司發展的成功率就會高很多。很多人在創業頭三年就失敗，因為他們不知道當中所需要投放的動力重要性有多高。

大部分人在創業階段，都花很多精力在「計劃」上，也因此忽略及錯過了很多做生意的價值。「生意」其實很簡單。例如在見客人期間，收到客戶需求後，你能為他提供到解決方式，就已經在做生意。而且，很多人做生意的第一秒起就開始「燒錢」，因為在正式開始賺取金錢之前，不得不投放一定的資金在建立生意上。正常企業的盈利（net profit）大約為 10%，

If you can't fly then run,

if you can't run then walk,

if you can't walk then crawl,

but whatever you do you

have to keep moving forward.

— Martin Luther King Jr.

即例如公司一年要賺到100萬，那麼要有1000萬的生意額。如果在創業第一年燒了100萬，到第二年就要再賺多1000萬（即2000萬），才能填補在第一年燒掉的100萬。其實那是不合常理的，所以，千萬不要「燒錢」，就算融資，也不要燒掉。

燒掉的錢，其實真的很難再賺回來。所以，一開始創業，就要讓公司快速增長，那就要為公司創造價值。這個「價值」，並不是單一的價值，而是在不同層面上都看到及需要的價值，從而能創造趨勢。那要如何製造大趨勢？

創業不困難

如前文提及過的「槓桿」原理，其實可以先問自己：這個產品／服務有多好？問自己，要問到底，也要自己能答到自己。例如，我曾為麥當勞提供無線上網及電視服務，在那之前，我就問了自己這個服務有多好。我知道香港十九區都有麥當勞，那如果在這些麥當勞都能 24 小時提供 20 分鐘的免費上網，該有多好？由此一直探索下去，找到了一些答案。例如方便了市民在用餐期間能同時免費上網，為市民提供到一些應急的無線上網熱點等……先由自己親自去找到服務的深層價值，再開始去實行這個計劃。

V（Value：價錢）＝ B（Benefit：利益）／P（Price：售價），很多人都不喜歡別人向自己推銷，但大部分人都喜歡購物。這是為甚麼？因為「購物」本身已有一個價值，但被推銷，反而會帶給人一種壓力，或令人感覺這家公司很功利主義。在客戶的角度，只要事物的特性和價錢適合自己就自然會買，但如果價錢不合適，那麼無論如何被推銷都不會被打動，就算成功被推銷，最終感覺也不會太好受，不會是心甘情願地買得開心。一般情況下，售價是很難降低的，那就要想辦法提升產品的價值。只要能提升價值，就能增加客戶。這就是創造價值的過程，也是製造利益！

不論產品還是服務，都要時常問自己：究竟有哪些好處？價值，其實就是用來創造金錢的，價值越大，價錢越高。如果價值小，那就只能賺取很少。例如你是漢堡包店的老闆，你每天只能做到 10 個漢堡包，那你的價值就等同於 10 個漢堡包，但麥當勞可以每日製造 10 億個漢堡包，既能製造，又有市場，那麥當勞的價值就是 10 億個漢堡包。所以，價值越大，財富就越多，當你能製造價值，別人就自然會買，那就自然製造到趨勢。

Whatever the mind of man can conceive and believe, it can achieve.

— Napoleon Hill

不過，緊記，市場是運行很快的。當你做得好，很快就有其他公司抄襲。加上內地市場一開放，很多東西都會變得不同了。而且現在是網絡盛行的年代，很多價值都變得很快。因此，要做到與時並進，因時制宜，就要留意著市場的變動去製造相應的趨勢。

最合適的合作夥伴，
是透過了解自己才能找到的。

共同創業的陰霾

創業，就是因為沒有的經驗，所以你才能在不同的地方學習；當你有了某方面的經驗，你反而只會鎖定在一個地方，變成專業，那就較難創業，也難以全面。太專業的話，是很難看到生意的全面性的。所以，在創業路程中，最重要是了解及看到自己的盲點，因為這是你最容易認識自己的時間，只有認識自己，才能找到最合適的合作夥伴。每個人都有自己所擅長的不同技能，有好有壞。如概括地將人分為幾類，可大致分為內向、外向，靠靈感及愛數字等四種。如果你外向、容易有靈感，但不理會數字，那甚麼都計算不出來，也做不了甚麼。全能的人真的很少，所以你的合作夥伴必定要是一個能填補你不足的人，這樣才能達致平衡——這是很重要的。

最合適的合作夥伴，是要透過了解自己才能找到的。很多人在創業過程中時常與合作夥伴意見不合，動輒吵架，就是因為大家本身都不了解自己，才會輕易地因持不同意見而吵起來。為了避免沒有益處的爭吵，構成不快的局面，你第一天創立公司及尋找這個朋友的時候，就要清楚自己決定跟對方合作的原因。

而共同創業，最忌就是找「同類」合作，亦即跟自己性格相近的人。以我為例，我最喜歡找「麻煩」的人合作，因為我需要透過這個「麻煩」的夥伴的不斷挑剔，幫助我去看清自己最弱那一項，最理想的情況就是被挑剔至不耐煩——但自己必須要有意識，要知道自己在做甚麼。有意識和沒有意識，是有很大分別的，這也是有大智慧和沒有大智慧的分別。早期的我，也是沒有智慧的，一切都是在過程中實踐學習所得的一些心得。不論是合作夥伴還是客戶，人人都不一樣，所以你必須要了解自己，才能跟所有人都能有好的溝通，這樣你的公司才會有好員工、好服務，及有好的溝通能力去解決更多問題。

然而，縱使找到最合適的合作夥伴，作為一個創業者，都要有一個心理準備——你總有一日會跟你的合作夥伴因意見不合而分開。因為即使你看清自己的所有盲點，人也會長大，心路歷程也會轉變。例如其中一方結婚了，那他的責任、夢想、壓力，可能已經跟合作夥伴不再一樣，而且心情上已有所轉變，可投放在業務的時間當然也已經不同了。不論是怎樣的原因，總之去到一個階段，你跟合作夥伴的熱誠、成就、負擔，甚至

*Empty your mind, be formless.
Shapeless, like water. If you put water
into a cup, it becomes the cup.
You put water into a bottle and it
becomes the bottle.
You put it in a teapot it becomes the
teapot. Now, water can flow or it can
crash. Be water, my friend.*

— Bruce Lee

目標已不再一樣的時候，可以理性地成熟分手。然而，現實情況是很多人在跟合作夥伴拆夥時，總是吵架收場，連朋友都不能做，甚至成為敵人。

生意是沒有「永遠」的，只要能做好心理準備，在分別的一天就不會那麼容易感到受傷了。有些人因友誼而合作，有的因趨勢而合作，而且很多人都只看表面——業務有沒有潛力、賺不賺錢。這就是為甚麼很多人說共富貴難，共患難就見真情。所以，了解自己是很重要的。

創業不困難

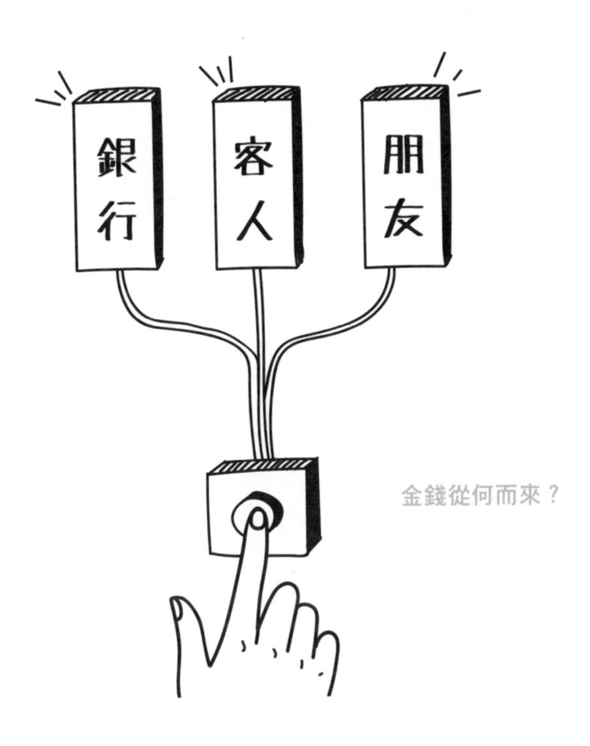

金錢從何而來？

金錢從何而來？

創業之前，大部分人都會考慮金錢的問題，認為要有一定的資金才能開始一個業務。其實，先不要去想有沒有錢創業的問題，不如先想想自己有沒有能力去創造價值，是否有能力帶著整個團隊去為更多人解決問題。你要懂得用這筆資金去為市場創造價值和帶來財富。更好的情況是自己能創造價值，並且讓客人付錢給你。這個世界，周圍都是「錢」，但對於沒有價值的東西，人們付 1 元都覺得昂貴。而如果是有價值的事物，也許付 100 萬都不嫌多。如你確定自己的公司能創造價值，那就可以開始考慮資金的問題。錢，一般來自幾個地方，可以是來自親戚、朋友、銀行、「OPM」（Other people's money：別人的錢，例如寫計劃書找人投資）、客人（為別人創造價值後收取的酬勞）、眾籌、融資等。

首先，選擇找親戚朋友幫忙，往往是最方便最可行的方式，但也是尋求資助過程中最棘手的選擇之一。當你開始問朋友，家人或親戚投資你的生意時，你可能會感到有點不安，但若果你的商業理念是偉大而有意義的，而你亦有足夠的信心和熱情去使其成功，那讓他們支持你的夢想可能不是一件壞事。在第一次開始我的大數據分析業務時，我邀請了十位朋友投資，並為他們提供 10% 的年利率，但他們會取得我公司的股權，因此我選擇讓多些朋友投資我的公司，不想這個沉重的負擔只落在一個人或少數人身上。

其次是向銀行借貸，當然，如非必要，我也不太鼓勵用這個方法。尤其你剛開始創業，獲得金錢或信貸額度的機會，實際上接近零。而現在，銀行只向有錢的人借錢，他們甚至不會考慮把錢借給沒有銀行抵押品的人。但是，你可以探索某些其他方法。例如在信用卡的 60 天還款期內獲得更大的信用額度。如果你公司的客戶流失量較高，你可以在短時間內完成客戶的需求。例如 40 至 50 天內收取酬勞，在這種情況下，這也不是一個壞主意。我曾見過企業家使用信用卡來推動業務，但請記住，如果你無法按時償還，你將不得不承擔 23% 或更高的利率風險！我是不會用這個方法的，如慣例做得不好，只會讓自己燃盡。

至於「OPM」，如果你有一個偉大的商業計劃，並有信心能創造價值，建立到強大的團隊等，那這可能是籌集資金的好方法。「OPM」即別人的金錢，但當使用「OPM」這個術語時，就通常指「商業天使」。而如果使用這個方法獲得資金，你的企業一般都會在「正路」上運行，因為你的資金來自其他人，所以你有責任及義務去向投資者報告資金的使用情況，讓投資者能清楚知道金錢的走向，並確保你不會偏離計劃書的軌道。當然，獲得「OPM」也是有利有弊的。你會因此而使自己的公司走向更專業的路途，因為你能在定期的報告當中，更清楚自己公司的財務狀況。但缺點是，因投資者未必是行內人，對商業模式不一定清楚，他們可能會提出一些不合適的建議，甚至挑戰你的底線，因而構成一些不必要的障礙，甚至影響了決定，從而阻礙你的業務增長。

在此分享一個經驗，曾經公司有個員工的薪金是 2000 美元，由於她一直很努力工作，並在推動公司發展的事務上作出不少貢獻，我看在眼裏，認為她值得 2400 美元以上的薪金。然而，這時就有投資者來問我為甚麼要調升員工的薪金 20%，並提出只能調升 5%。最終，就是因為一些從未經營企業、只看數字的投資者的一句話，而使我失去了一個人才。

創業不困難

This is the real secret of life – to be completely engaged with what you are doing in the here and now. And instead of calling it work, realize it is play.

—— Alan Watts

如果你的公司能夠創造直接價值，讓你的客戶願意掏腰包換取「價值」，這無疑就是產生資金的最好方式！因為你在一開始已經透過業務為公司帶來金錢，節省了大量時間。為甚麼這被視為獲得資金的最佳途徑？因為你不僅能賺取金錢，還同時多了客戶，您可以以更快的速度與不同的企業取得聯繫。

至於眾籌，也是可用的方法之一，但眾籌市場太快，我一般不會考慮使用這個方法，只是這也是方法之一，故在此略提。在以上解決方案中，我會把「客戶」放在第一位，「朋友和家人」放在第二位，「天使」及「基金」放在第三位。但業務的發展如何，確實取決於業務類型。

要將「想法」變成「現實」，
是需要行動的，

現在，你需要一個計劃！

之前，我曾提到在創業前不一定需要制定商業計劃，而一旦開始創業，就可以制定大膽的計劃，並開始為新公司提前計劃一些方案。因為，這正正是計劃發揮作用的時候。那麼，究竟應該如何做一份有效的計劃？多數企業家都會對自己的項目充滿信心，因此計劃書做得好完美，看上去有非常大的發展。但事實上，你會遇到好多未知的狀況發生。而當發展遇到問題時，你又不懂得去處理，最終項目就會停滯。我會建議計劃書不要做最好的打算，而自己更需要做最壞打算，將一切可能的不利因素都盡量做大膽假設。當問題發生時，你就懂得如何去儘快處理。所以，如果創業者不斷努力，使業務增長，反而在「處理問題」方面沒有做好計劃，以致企業因處理不善而最終發展失敗，這是很悲哀的結果。

大多數投資者會要求你作出三至五年計劃，然而，我想在此鼓勵大家挑戰自己！不如嘗試做一個一百年計劃！試想想，一百年後，你的業務將會如何？如果你只是制定短期計劃，那麼你所建立的就是一家短期公司，最終結果可能會被賣掉。不妨大膽一些，無論如何，在自己的腦海都定下一個長遠的願景，因為要成為一名企業家，你必須要有遠見，及按公司的進展去確定它將會飛得很高，還是適合在相對有限的空間內繼續運營。

When you SEEK HAPPINESS for yourself, it will always elude you.
When you seek happiness for OTHERS, you will find it yourself.

—— Wayne Dyer

創業不困難

即使人生有限，但我還是常常想像在自己的公司成立一百週年之時的光景，與所有的客戶、合作夥伴、員工、家人和朋友，以及行業領導者聚在一起慶祝這個重要的日子，該有多快樂。

在你創建了長期計劃之後，就可以考慮制定短期計劃了。即前文提及的三年或五年計劃，甚至一年計劃都可以。這些短期計劃，一般可行性較高。然而，必須明白一點，就是所有計劃都會走向好或壞的結果，亦有起有伏。但當然也視乎你有多認真對待自己的業務及如何運營了。世界各地都有各種成功的企業家，有年輕的、有老派的、有聰明的，也有較為愚鈍的，但我從來不認為會遇到一個成功而懶惰的企業家。我所遇到的企業家，幾乎所有都是十分專業的人士，對於他們專注的事務有深入的研究和認識，他們都是努力工作的人。基本上，除了懶惰的人之外，每個人都可以成為企業家！眾所周知，要將「想法」變為「現實」，是需要行動的。如果你是懶惰的人，你甚至沒有機會去邁出第一步。所以你要先問自己的第一個問題是：你是不是一個懶惰的人？如果你很懶惰，你就不適合創業了。

「人性化」「系統化」「公司文化」，
當中取得平衡最重要

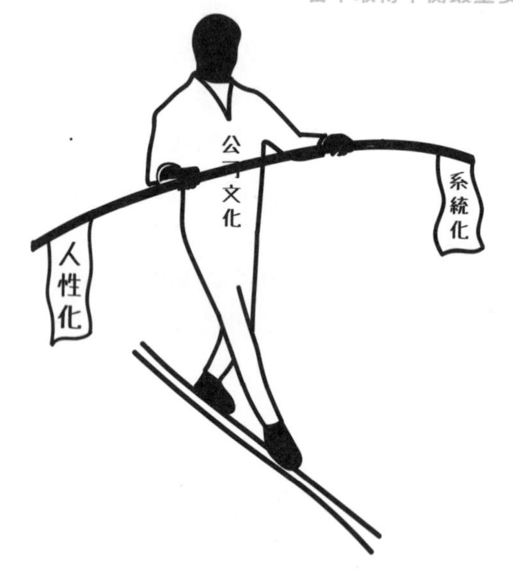

管理一盤生意

在公司的實際管理上，我是偏向鬆散的。我認為一個企業在管理上需要一個機制，但不能過於嚴謹，否則就會失去創意和創新。所以，我會在管理上放鬆，換來一些能給同事多發揮及發展的空間。很多人都會說中國式管理是「人性化」，而外國則是「系統化」，在我看來，當中取得平衡最重要。

管理人方面，包括外面的人和裏面的人。其實這部分是最難的，因為要達到客戶、同事、公司的理念完全吻合，是需要大量的時間和精力的。要簡化這部分的難度，就要先製造文化，而創新、超前，就是我公司的文化，讓同事想到就做。所以，

Failure is an option here,

if things are not failing,

you are not innovating.

— Theodore Roosevelt

在建立文化的過程，就要多放手，對同事也得寬鬆一點，及多分享多解釋。在聘請員工時，除了看其基本能力之外，我最主要還是看他有沒有熱誠，態度是否正確，因為沒有什麼是不能學會的。而人的性格，心理和態度，均難以改變，所以態度正確很重要。那麼，在新同事加入的時候，就更容易跟大夥兒打成一片，感受到公司的文化。

當然，同事在公司學習成長，某些會在羽翼長成之時離開，甚至把一直跟進的客戶一併去開展新的棲息地。老實說，「同事帶客人走」是商場很平常的事，我也遇過好幾個。其實，在面試的時候，大概能感覺到同事的可能性。對於這些情況，我的態度也很直接的—沒有問題，那不要緊。因為這個世界是圓的，客人跟同事離開，也是客人的決定。發生這樣的事情，反而不是追究（也沒有追究的意義）或獨自憤怒，反而要檢討公司在什麼方面出現了問題，該如何改善？當然，如果客人回頭找我們，我是很歡迎的。所以，對於這類情況，不必放在心上。

至於賺取金錢方面，並不是最先必須考慮的部分，反而要集中去想想如何創新，增添價值。這樣，金錢自然會到來。如何令一間公司輸入的人力、金錢、時間和所做出來的事物能夠換來大於你所投放資源的價值？如果得出的價值小於付出，那就虧錢。簡單說，如果用1元成本創造出來的事物也只是價值1元，那便等於白做。如何提高員工的生產力？他們的情緒會否影響生產力？人工高低，工時長短，又是否影響？這些都是能否增加價值的重要因素，也是管理當中要計算的。

而一家公司又該如何衡量哪些東西值得投資？在我自己業務中，我會選擇投資在產業鏈中的東西，尤其是頭、尾端的事情，因為這能令你更瞭解行業。或者，也會投入新的科技，當然那需要能跟產業鏈產生火花，才有爆炸性。舉個極端例子，例如做航空公司，但不是投資油、引擎、物流等，反而投資牛（不相干的東西），那意義何在呢？

Chapter 03

從失敗中向前

可能因為我很年輕就已經創業，所以沒有什麼正式的企業經歷，22 歲就開始創業。所以也因為這樣，在剛剛開始的創業旅途上都沒有什麼夥伴，因為身邊大部份朋友都是打工，他們也不太了解創業。那時，讀書也不會說什麼創業，所以就自己一邊走一邊摸索。很多時候都是透過自己拼搏的經歷，才能一關一關闖出來。

輸了就輸了，再來。

克服失敗

可能因為我在 22 歲比較年輕的年紀就開始了創業，所以沒有太多企業工作的經歷。也因為這樣，在剛剛開始的創業旅途上沒有什麼夥伴，因為身邊大部分朋友都是打工，他們也不太瞭解創業。那時，讀書也不會說什麼創業，所以就自己一邊走一邊摸索。很多時候都是透過自己拼搏的經歷，才能一關一關闖出來。

舉個例子，為何要克服失敗？如之前所說，創業就像坐過山車，有最高點也有最低谷。中國人有幾句話說：「低處未算低」、「衰嘢一齊來」、「一波未平一波又起」、「衰開有條路」。在這種情況下，就更加難與人分享，家人也未必明白，朋友亦不瞭解。我最初也會因為不習慣這種狀態而想放棄，覺得找一份工作會更容易。的確，在失敗時最容易做的事情就是放棄，這是一種最簡單處理困局的方法。但我經過反覆思考後，學習鼓勵自己去挑戰一些難的事情。因為我會想：簡單的事情大家都會做，就不需要我也做了，只有難的事情，嘗試去挑戰它，才會從中學到東西。很多人都害怕有挫折，但如果你學著積極面對它，會發現在挫折中慢慢令自己變得更好更強，成長得更快。

通過挫折，你會更加瞭解自己是誰、自己的盲點及強弱項在哪、在什麼地方可以做彌補、如何控制自己的情緒波動，以及對人生有什麼新的覺悟等等。我覺得這幾樣東西都很重要。所以每當我經歷低處，都是學習的時候。不斷看書，上課，找一些好的導師一起去想不同的辦法，把所有難題一一克服。最後你會發現，最難克服的是自己。對外，你會去想外面的人如何看自己，例如家人、朋友，甚至社會、整個商界。對內，是自己內心的缺陷，但你願意去改寫，承認自己的失敗並予以改善，那才是最重要的，這樣才能真正學習到如何「擁抱挫敗感」。很多成功人士的著作也有說，其實失敗是成功的必經之路。曾經有個叔叔跟我說過，鐵達尼號沉的時候，逃過一劫而留下來的人，就能說到一個很漂亮的故事。所以，不要讓自己沉下去，只要生存，就能講到一個故事，這也是一個挺有趣的例子。所以，失敗是值得擁抱的。

My philosophy is that if I have any money I invest it in new ventures and not have it sitting around.

—— Richard Branson

其實我也有很多失敗經驗，有幾項業務都是無法回頭的失敗。輸了就輸了，反省失敗的定義。比如生意失敗就是失去了一盤生意、金錢、客戶以及客戶的信任和市場對自己的信心。而對自己來說，我覺得最重要是不能把信心輸掉，要知道自己可以爬出來重新創造一個新的事業給自己。所以，當我挫敗的時候就是所有東西一起重來的時候，而且一般都是被大環境的經濟所帶動的。例如SARS、金融風暴、911、佔中、反貪等……大環境衰退影響行業，繼而出現社會問題，生意便急速下滑。如果反應不及時，只能選擇守業，等待市場回暖。一旦市場恢復得不夠快，就會因為缺乏資金而堅持不住，最後合作夥伴亦四散各自飛，員工亦沒有了工作的心思。最後唯有縮減成本，減少開支，陷入煎熬的困局中……熬得好，就能把所有債務還清，找回好客戶，聘請合適的員工，重新出發，一般都是這樣。

當失去了一堆客戶，沒有生意可做，又沒有新客源，銀行開始追錢，你又不夠錢還，這就是你的低谷時期。曾經有個比我年輕的同事跟我說：「差的時候就當播種吧，去見多些人」。這句話提醒了我。所以在低處時，我就學習播種，重新建立自己的網絡，要順勢，不要逆勢。現狀要你縮你就要縮，不要反其道而行。有些人能逆勢而行，但很看時機，在大環境出現問題的時候就要看清形勢。這 17 年來，我也經歷了四五次這樣的大環境趨勢，每次都很類似，所以已經很習慣了。很多人問我為何連環創業，我不是不想聚焦在某些業務上，但香港就是一個這樣變化的環境，我亦是在這樣的大環境帶動下順勢而做。幸好，我生意種類多，週期不同，有些被大環境帶垮的業務，我還有其他業務能支撐。很多人說，風暴過後，就看誰在浪尖或浪底吧。作為創業家，要在失敗的時候認命，要有「輸了就輸了，重新再來」的態度。失敗，只是一種對於沒錢、沒面子又浪費了時間所產生的恐懼。其實只要能想通，一切都沒有什麼大不了。

以前，我會很焦急和緊張，現在就可以很冷靜，仔細去看通每個問題，逐一解決。年輕時沒有經驗，不懂得先後次序，就會比較徬徨。其實，只要找到根源就能解決。過程也許會不開心，但也要調整情緒去擁抱它，知道自己這一步是必須要走的。

最值得分享的，
其實是失敗的過程。

從別人的經歷中學習

平時聽很多創業家的故事，大多都是別人分享成功的例子。而當你翻看書本，所讀到的，則多為成功人士背後的挫敗故事。透過別人的故事，我不只會看他們好的方面，反而集中看其中做得不好的部份。我也想藉此跟每一位讀者說明我的想法：永遠不要覺得「失敗」不能宣之於口，反而最值得分享的，其實就是失敗的過程，那絕不是一件醜事。

創業不困難

人生中，不論遇到什麼人，你都可以從他們身上學到很多東西。例如我公司樓下的茶餐廳，有一位年輕侍應，他每天都充滿動力和精力。雖然他只是一個侍應，但他的熱情和拼勁，都令我想到：如果每個人做事都有這種熱誠就太好了。我從他身上和在李嘉誠身上，都會有東西學到，因為每個人身上都有值得別人學習的地方，包括失敗的人。

記得進入大學的第一天，老師一進入課室就跟同學們說：「你進來了，就要當自己是收音機。你能調到正確的頻道，就能吸收知識，否則就只能收到沙沙聲。」意思就是指，凡事要從自己出發去配合環境，這樣才能吸收到不同及有用的知識。若果你在學習的時候左耳入右耳出，長期下去，你就不能把有用的知識沉澱在自己的心中，更遑論去配合自己公司的發展，學以致用。好多人要靠外面的讚美聲令自己獲得存在的價值，其實，我們應該從內心對自己有信心，跟著自己的目標和方向努力前行，並不需要依靠外面的人來評定你行或不行，因為成功的定義是由你自己決定。

「成功」或「開心」的感覺，背後只要有知識的沉澱和累積，一切都會成為內在的自己，屆時你會發現，「成功」和「開心」都是自己的一部份，甚至會發現自己有能力去感動、推動、影響、教導及幫助到別人，把那種能量發放出來。年輕時的我，很希望得到別人的肯定和認同，為自己換取成功感。但當我一直得獎，到了某一天，我就開始問自己：得了獎又如何？獎項有什麼用？這根本沒有一個確切的答案，公司依舊發

I learned that courage was not the absence of fear, but the triumph over it. The brave man is not he who does not feel afraid, but he who conquers that fear.

—— Nelson Mandela

現，也許只是換來得獎一刻的掌聲，而問題在於，鼓掌的人不會記得，即使記得，也不會上心。想著想著，發覺獎項其實很無聊。但無可否認，在創業初期，獎項給了我很大的信心，但後期已經完全不需要了。因為，只要你內在有能力、知識、經歷及好的心態，便已經足夠成為你人生繼續向前的推動力，不需要再靠外在的一如獎項、金錢、讚美的說話。這才是一個豐盛的人生。

在現實生活中，我也會跟別人分享自己失敗的經驗，因此，別人也會願意跟我分享。一切都是相對的，所以要先從自己出發。這個世界就是一面鏡子，反映你如何對待這個世界，而你如何對待這個世界，這個世界就會如何對待你。

商場是殘酷的，
沒有亞軍和季軍，只有冠軍。

與「成功」周旋

成功是沒有精準的定義，有人覺得成功是賺好多錢，名成利就或某個行業有No.1的社會地位。其實我覺得成功是你如何有齊事業、愛情、身體健康……才可以稱為成功。所以我每當遇到成功，都會很謙卑地繼續看看有哪方面可以做得更好。因為，其實世上仍有很多成功的人。成功只是一剎那的感覺，例如賺到第一份人工、得到獎、簽到好大的客戶。成功是重要的，只是需要在你成功的時候拍拍自己的肩膀，跟自己說：你努力了，你做到了，感恩自己有將自己想到的事情做到。同時，最重要是繼續學習和成長，所以我每年都抽300小時給自己去成長和學習。中國人說：驕兵必敗，所以我也知道沒有什麼值得我去囂張。

成功了是要慶祝，鼓舞，但不是為了自己。因為一個人成功，要慶祝的是其他人助你成功，因為成功不只是靠自己一個，是有很多伯樂，導師幫助你去成為一個成功的人才。

對方對自己驕傲的嘴臉，是常常看見的，但我對於這些，都沒有太大感覺。因為我覺得成功不只是這一刻的。其實要對比，也沒有什麼可對比的，因為我要交代和對比的人，只有我自己。你要知道自己的競爭者，你才能百戰百勝。你可以向對方學習他好和不好的地方。

別人成功，就要問自己，為何別人做到，自己又做不到。

今天，我創立的 NDN 集團是香港地區數字媒體公司中增長最快的公司之一，市場佔有率遍及香港、日本、大中華區、亞太地區、歐洲、澳洲和北美。在 NDN 集團中，我們不相信有一件事是不可能做到的。儘管我們不得不面對技術問題，但目標也不會改變，就是不斷提出能令業務可持續發展的主張，而這些主張肯定會超越競爭和所有市場障礙的。一直以來，我們也在探索：我們成功了沒有？答案是從來都沒有，因為成功是由自己定義的。而我認為，這是一個「創造」的地方，公司只是在不斷地發展、不斷地向成功邁進而已。

市場是殘酷的，商場上沒有亞軍和季軍，只有冠軍，你不贏就是輸，但很少人會去思考「共贏」，而現在市場就多些「共贏」的理念。我認為這是大家需要學習的重要課題，競爭雖然會有進步，但分享成功更是值得學習的部份。富貴時如何共用富貴，是人生必須要學的！例如你很討厭一個人，你都可以和他坐在一起吃飯，你慢慢試得多，會發現那個人也不是那麼討厭，只是每個人的主觀角度不同。你從另一個角度看，會發現其實的確也沒有什麼。你對某個人生氣，也只是自己憤怒，對方可能沒有什麼。回想，你討厭對方什麼？其實只是一種態度和感覺，可能你瞭解了他的性格、成長，可能就會明白對方，那就沒有什麼了。所以我有很多好朋友，最初我都是不喜歡的。當然，年輕時會比較抗拒與討厭的人共處，慢慢學習了謙卑，明白對方看事情的角度，就會明白那是正常。看深入多一點，看透別人的心，也是很重要的。不只是在商場上，做人也是如此。

Life isn't about finding yourself. It's about creating yourself.

—— Unknown

If your hate could be turned into electricity, it would light up the whole world.

—— Nikola Tesla

從失敗中，發現……

如果你被自己公司的董事會開除，會有怎樣的感覺？

我想與你們分享在我創業過程中曾經我認為是一生中最失敗的經歷。2007 年，我創立了一家媒體公司—— Darizi（大日子），由零起步，短短幾年已經成為中國最大的線上線下垂直婚禮平臺之一。我們舉辦了數百場五星級酒店的婚禮秀，雜誌封面刊登過 100 多位大牌明星名人，在線平臺註冊數百萬新婚夫婦，並服務於全球幾乎所有到奢侈品牌。然而，當一切穩步發展的時候，2015 年的董事會上，我被通知要將 Darizi 的品牌名轉讓給投資者的控股公司。那一刻，我不需要思考的投了反對票，因為品牌是我們的靈魂。可惜，他們早有預謀，對於我的反對在預料之中，所以我被強迫要求退出！那一刻，8 年的奉獻和努力化為烏有！我感到憤怒，沮喪。幸運的是，作為創業家，我把所有這些憤怒轉化為動力，沒有浪費一分在這些毫無意義的抱怨上。我選擇了將它收藏在心裏作為人生經歷上的警示。

2019 年初，一班來自Darizi的前同事為我舉辦了40歲生日派對，我以為一如以往，開香檳切蛋糕……但是當他們將Darizi的所有權作為生日禮物送給我，那一刻，我徹底呆住了，眼淚充滿我的眼睛，心跳加速，我開始哭得厲害。他們說：「老闆，我們買回了公司作為你的生日禮物！」

就在那一個晚上，我的團隊把我這個失敗者的故事變成了最美麗的結局。從避免告訴任何人太多關於我是如何失敗的這家公司，現在我可以自豪地說：「我的員工把Darizi送給了我！」

我想透過這個故事告訴你們，關於創業，很多時候我們都只看結果是成功還是失敗。實際上，這段心路歷程才是另一種收穫和價值。在創業的道路上總會遇到挫折或失敗，我們要學習去面對它，擁抱它，接受在創業路上遇到的一切，你會發現原來自己會穫得更大的意義和價值。

企業如何在困難時期制勝市場？

2020 年開年，新冠病毒就在全球蔓延，國內外企業都遭受沖擊，其帶來的影響亦是不可預估。作為企業或是個人，大家要做的是放棄僥幸，積蓄能量渡過難關。

很多人會恐懼、焦慮、失落、消極……產生負面情緒，不敢前行。正所謂有「危」必有「機」，我們應該積極擁抱不確定性，調整心態，堅信那些打不敗你的困境都會讓你更強大！當老闆與員工都擁有強大的抗壓能力與正能量時，我們才能一起構建刀槍不入的業務與企業。

作為公司亦或是團隊的領導者，我會建議做到：

一切皆有動力！

面對市場的迅速降溫，領導者應該迎難而上，保持敏銳的嗅覺，積極關注合作夥伴、客戶、市場動態以及行業趨勢，以在紛繁復雜中審時度勢，時刻應對突發狀況。

鼓勵團隊發散思維，嘗試任何可能！

亂世出英雄！領導者應該鼓勵團隊發散思維，激發創造力，共同為企業團隊、服務客戶提出創新想法。根據自己的擅長之處，嘗試任何可能。

時刻在行動！

馬丁．路德．金曾說：「如果你不能飛，那就奔跑；如果不能奔跑，那就行走；如果不能行走，那就爬行；但無論你做什麼，都要保持前行的方向。」如今，企業更應追趕變幻莫測的市場，時刻行動創造機遇。

出售價值，而非產品本身！

企業產品滯銷，單純降價或提高促銷手段並不是萬全之策。業務、產品的價值是指客戶從某件商品上獲得可量化內容和精神感受的總體利益。所以，如何將企業價值與產品價值升華並準確傳達給客戶，讓他們覺得物有所值至關重要。

疫情期和疫情後都是市場的關鍵時刻，領導者應更加極端應對挑戰，雖然開拓新客戶將無比艱難。如果團隊以往聯系 1000 位客戶，如今可以嘗試 1500 位甚至 2000 位，在夾縫中奮力求生，激發潛能。

結果為王！所有的嘗試與辛苦都應以結果作為最終導向。這不僅僅針對企業自己，更應多替服務客戶的著想，瞭解他們的痛點並給予適當的幫助，共同發展。

企業領導者同時亦可與上下遊企業、跨領域企業、供應商、客戶、員工甚至是競爭對手合作，提升企業服務能力以擴大潛在目標客群，獲得更多業務。

Chapter 04

終極成功

你如何定義「成功」？是否建立一家強大的公司？做一份影響數十億人生活的事業？其實，每個人對「成功」的定義都不一樣，而對我來說，「成功」就是「全部」，即是在生活所有支柱中取得成功，達至工作與生活的真正合一。

工作與生活合一

你如何定義「成功」？是否建立一家強大的公司？做一份影響數十億人生活的事業？其實，每個人對「成功」的定義都不一樣，而對我來說，「成功」就是「全部」，即是在生活所有支柱中取得成功，達到工作與生活的真正合一。過去，我對「成功」的定義，只著重於在商業上取得成功，因為那時我認為在工作場上的成功對我來說，是至關重要的，以致完全忘記了其他。經過這些年，我突然意識到，在我的生命中的確失去了很多。究竟，怎樣才能做到工作與生活合一呢？

當你決定要創業時，就要有心理準備，你的工作時間將不會被設定為打工時那樣朝九晚五了，而你的心態也會完全不一樣。

因為你的家庭、工作，及生活中的一切都是二十四小時運作的。如果你抱著打工的心態去創業，那你的成功機會不會大。例如，如果你會每星期等待一個可以休息和享受生活的週末，那你便不適合創業了，因為你由星期一至日都應該對工作抱有雀躍的心態，同時也享受自己的生活，不論跟家人、朋友、生意夥伴、同事都融合在一起。當然，說來容易，做起來難。

我想與你們分享一張有意思的圖（Wheel of Life ），這張圖所表達的是：你人生的成功分為好多不同的東西。假設你的中心點是零，每一個類別是 10 分，你可以嘗試給自己打分。例如財務有 4 分，健康有 5 分，社交有 7 分……當你填完會發現它不是一個完整的圓形，那麼你的生活就好像是一個車胎一樣，運行起來不順暢。反而，你每一項都是 5 分，甚者都只有 2 分，也會好過有一些東西是缺少的。所以，在圖中的八項，要盡可能的保持平均。即使在創業上能實現夢想賺到錢，但可能家庭破碎，身體差，同樣是缺乏了人生成功的標準定義。生意成功，並不是真正的成功，有圓滿的生活才是創業家應該追求的，那才能真正走向一個成功的人生！

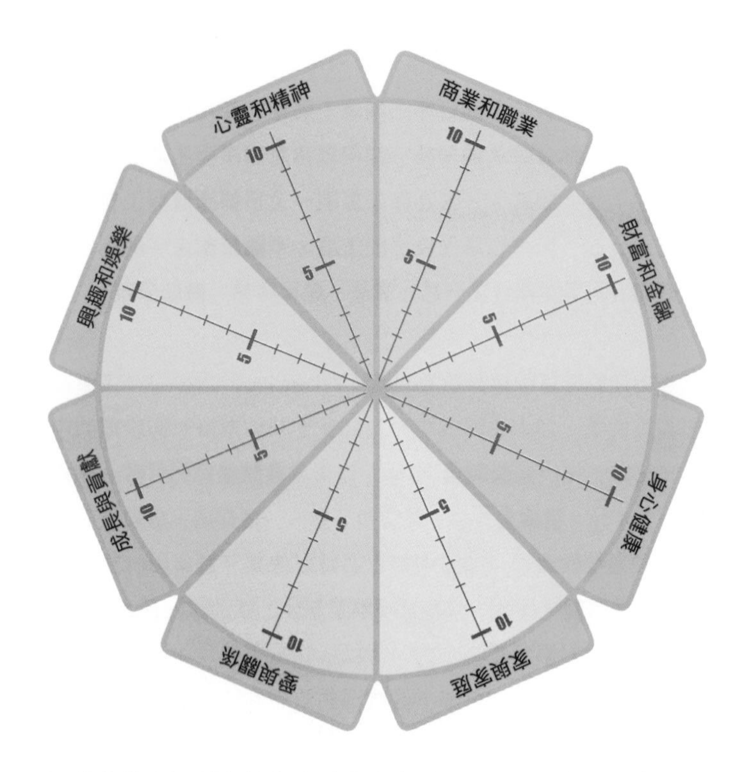

不論你將自己創立的業務看成生意還是工作，你都有很多問題要去面對和解決。例如，每天的生意有沒有增長，如何跑營業額及控制支出，還要時常留意市場趨勢以更新策略去應對競爭者及客戶。當然，在營運方面還要做好人事管理，及與員工建立良好關係，想辦法令每個員工都有競爭力／生產力。同時，還需要顧及融資，銀行等情況的解決方式。以上這一切，都是商業中要看到的事情。例如我每天都會跟不同的同事及合作夥伴開會，以使整個團隊達成一致的發展方向，令大家都有共同的目標，如果大家目標不一樣，那公司就很難運作得好。

成功與否，很大程度上取決於你在某時某刻如何跟任何人建立良好關係。很多人不論打工還是創業，都會顯得十分忙碌，因而沒有時間見朋友及陪伴家人，甚至沒有時間去見客人。其實這一切都需要用時間去建立，因為人與人之間的關係不是無緣無故產生出來的，所以你就要看看如何利用日常時間去跟你生命中的每一個人去建立關係，這對你的人生也很重要。除了要與身邊的人建立關係，我也十分鼓勵及建議年輕人去參加不同的商會及活動，包括社區活動及公司活動，因為認識越多人越容易建立到自己的網絡關係，對你的「成功」會有很大的幫助，而長期在辦公室或家中工作，都很難建立到人際關係。其實不需要建立很深厚的友誼，只要保持一定的聯絡便可。當然，不要忽略家人的支持，因為每個人在低谷時最需要的就是家人的支援。

When you feel like giving up your dream,
force yourself to work another day,
another week, a year. You'll be amazed
what happens when you don't give up.

—— Nick Vujicic

很多人忙於工作，因時常加班，飲食不定時，加上不做運動，以致身體不太健康。那麼，到底怎樣才能在創業的同時，又不疏忽保持身體健康呢？我們要自己找方法去替自己分擔。例如我每天都會寫下要完成的目標，因為大腦記不下那麼多東西，這是一個能分擔自己工作的方法。錢是買不到健康的，所以要想辦法幫助自己，還要保持有足夠休息和運動，才能有足夠的精神投入工作。

很多時候，創業者只著眼於自己的生意，而忽略了管理個人財富。其實，自己的日常生活開支或投資，也是很重要的。管理個人財富，我一般會利用一個個「籃」去分配，定時將一筆收入的資金放在不同的「籃」去管理，例如「學習」、「緊急資金」、「投資」、「供樓」、「衣食住行」等，還有一個「籃」的資金是可以讓我去買一些喜歡的東西，以避免自己花多了或出現不知道錢去了哪裏的情況。

生活繁忙，需要有停下來的時候。例如我有宗教信仰，會每個星期去教堂平靜下來祈禱。即使沒有宗教信仰，都可以平靜下來，為自己安排一個充分停下來的時間。

家庭是自己的基礎，能讓你很踏實地面對一切難題，和建立你的歡樂。

人生不能沒有娛樂，有人喜歡彈琴、演戲、學習手工藝等，都要為自己安排時間去做。例如我的興趣是看書、打網球，及去旅行見識世界各地不同的事物。找到自己喜歡的事情是非常重要的，一味不停地工作，反而會失去自己生存的樂趣。

人就好像一朵花需要一直灌溉，如果不生長就會凋謝，所以我們需要不斷的自我增值。我每年都會用三百個小時去學習，令自己可以繼續增值，十年前，我就開始報讀不同的課程，跟不同的老師學習，例如學習演講、寫書、耍太極、打網球，及如何維持跟太太的關係、學習一些心靈建立的課程。因此，除了看書之外，我都會上課。學了這麼多，都會跟別人分享及教導其他人，讓自己清楚學習的目的，及貢獻給家人、朋友、社區、社會。也可以做一些義工服務，例如幫助慈善團體籌款、探望孤兒、幫助年輕人創業（我一直在推動本地的創業，跟年輕人分享一些創業路程。）每個人都可以由自己的專長出發去貢獻，例如喜歡畫畫，就可以畫一些畫送給老人家或捐贈出去。

工作與生活合一，跟平衡不同，當一切融入生活，你就不需要去想你何時需要「平衡」，因為你的生活已經有了所有元素。只需要好好運行生活的元素，你就會很容易解決問題。當中，只需要看看自己哪個部份有所欠缺，就去補上。例如少了運動，就要安排多些時間做做運動。少了見朋友，就安排時間約見一下朋友。緊記，創業成功不單止是生意，而是要一個成功的人生。

Q1
如公司面臨資金週轉問題，該如何解決？

其實，做生意最大問題不是有沒有生意和銷售，最重要的是現金周轉的問題。我曾遇上過無數次的現金周轉問題，每到這些時候，都要問自己：「錢從何來？」我們公司會從「money left on the table」（留在檯面上的金錢）出發，因為公司總會有很多被「隱藏」了的金錢，例如能從合作夥伴或客戶的一些欠單著手追回款項。或是一些可以節省的支出。舉個例子，我們公司提供給員工的飲水費用，每個月都要支付港幣 6000 元至 7000 元不等，實在不是一個小數目。因此我們花了 8000 元安裝了一個過濾水機，讓同事能飲用過濾水。這樣，一年已能節省 60000 元至 70000 元不等。因此，每一件小事，都要仔細去看。每做一件事都要問清楚何時能收回款項及收回多少。

在大部份情況下，現金周轉的問題，一般源於客人尚未付費。因此，也有一些方法能解決，如客戶的付款週期為 90 天，但如能於 10 天付款就能享有九折，站在客戶的角度，何樂而不為？一般客戶都會願意的，那就能解決短期的周轉問題了！

除了以上方法外，還有「LOCK」四個來源：

1 Loan：向銀行或信貸借錢；

2 Other people's money：向他人借用或投資，如親戚朋友。或尋求投資者，如天使投資融資。

3 Customers：加快完成客戶的訂單，令客戶提早付款；

4 找產業鏈中的重要合作夥伴幫忙，例如業主，供應商等，跟他們坦誠周轉的問題，並磋商能否先不全額繳付租金或貨款，例如先付一半，並談一些讓對方也有少許得益的條件，以達成遲點付款的目的。因為合作夥伴一定不會想自己的合作夥伴一沉不起的。另外，也有一些企業會邀請同事成為公司的合作夥伴，讓同事成為公司的一部分，又可以減輕公司的開支成本。

以上，只要是合情合理合法的策略性方法，就可以採取，只要相關人士同意就可以了！

Q2
如何募集才能讓其他人的資金去幫助自己創業？

創業初期募集基金，有兩種方法可以選擇：

1 實質地做到一些事情，讓客人付錢；

2 向投資者說明你的長遠目標，及如何霸佔市場的佔有率，如何執行你的團隊，以幫助投資者翻本和賺到錢的方法。如果不認識投資者，就周圍問並分享你的想法，在詢問和分享的過程中，你也能慢慢改善自己的想法，因為總有人會給你回覆，使你的計劃書越來越完善。如很想知道要找哪類人作你的投資者，建議可以從產業鏈的相關人士開始。

但在考慮如何募集資金前，還是要提一提，謹記：錢永遠不是第一個問題！要看的是，你的生意能否賺錢。做到及做不到，是建基於目標是否清晰，有沒有團隊一起去衝及市場是否接納你的模式。所以，專心去創造市場吧！創業家本身就是一個冒險家，要創造一個新的市場，就要能預知危機的存在，風險也相對大。所以最終要看的，是遇到風險時如何解決問題！

Q3
怎麼知道要準備多少金錢創業？

好多人都會糾纏到底需要準備多少錢才可以創業。但其實有時候一盤生意能否開始營運，並不是視乎有多少創業資本。有時創業甚至不需要成本，反而，要視乎你創業想要做的內容是什麼。假設你想要創造一架穿梭機去太空，那麼當然需要去融資籌錢才能實現夢想。但若果你只是想開一家洗衣店，也許一家人合資就已經可以做到。又或者開一個網上店舖，那麼成本也不會很大。

其實從來沒有一個特定的參考數值能告訴我們創業究竟需要準備多少金錢。我的建議是：在設定目標給自己的時候，不能過高，但也不能太低，設定一個自己差一點就無法掌控的位置就可以了。記得一定要給自己壓力及擔心，因為一盤生意要定下來很容易，但如不給自己定下高一點的目標，就不會有推動力。總之，量力而為就是最好的。

Q4
創業初期，沒有太多資金可以做宣傳，有什麼方法能令人認識自己的公司？

宣傳不一定需要有資金才能做到，可以利用別人的實力一起去做。以我的公司「大日子」為例，這是一家關於婚嫁的媒體公司。在公司最初營運時，我們並沒有宣傳資金，於是便聯絡 Yahoo！，與之合作，由我們提供婚慶內容給他們刊登。後來我們又曾找新浪微博合作，他們為「大日子」開設了一個欄目，也替我們做了免費宣傳。由此可見，其實有很多宣傳方法，只需要看準對象，找到市場佔有率最大的合作夥伴就可以。又例如我曾做手機廣告，便跟港人每天尋找美食的 Openrice 合作。

在營運公司的時候，除了找到目的，也要看清業務的「上游下游」。例如「大日子」關於婚慶，我們不會只把目標集中在即將結婚的新人，也會以未婚人士及已婚人士作為目標對象。前者可與婚姻介紹中心合作，後者可以找一些關於懷孕，育兒的公司，如親子王國論壇合作。當中亦有一些「賺錢空間」，新婚人士會去旅遊渡蜜月，那便可以找旅行社合作。把目光看得廣闊一點，就不會只停留在結婚的層面上。又例如手機廣告公司，「上游」就是電信商或一些平臺，他們有客戶，而我們能提供服務，產生連鎖效應。而「下游」便是用戶應用程式（Apps）。

Q5

創業跟自己的專長有沒有關係？是否要選擇自己擅長的才能或熟悉的業務去發展公司？如擅長煮食就開食店。

你創立的業務，不一定要是自己所熟悉或擅長的行業。如果你只以自己的一技之長作為自己所創立的業務，那便不是純粹的創業，因為你可以以自由工作者的身份去接相關工作做的。

創業，並不是一個你只要發揮自己喜好或者技能就足夠的空間。最重要的是懂得如何全面性的去管理一盤生意。從自己擅長的技能出發去創業也是可以，但是如果有一個很強大的團隊來協助你去完成一些你所不擅長或者不會做的事情，那樣就可以彌補一部分的缺失，讓整體業務更加全面而良性的運作。因為生意就是生意，而不是靠單純的個人喜好就能產生價值，而是需要去解決問題，最終創造出實實在在的價值。

「熱誠」（passion）不等於「利潤」（profit），除非市場本身與你的熱誠處於一樣的步伐。例如我的熱誠是與結婚相關的，那我的業務便是婚嫁行業，但當我自己結婚後就對這個範疇沒有了熱誠，是否就要放棄業務了？這時你需要思考，是當下所謂的熱誠重要一些？還是一個可以帶動市場產生利潤價值的生意更重要？又例如，我喜歡貓，所以開貓店，但市場上沒有人喜歡貓，那我開貓店也是徒然。如果你找到一個市場本身有很多人喜歡貓，可以為他們增值服務從而賺到錢，產生價值，同時自己又喜歡，那就不同了。所以，「熱誠」和「利潤」是需要分開來看的。

最後，請謹記：創業是創造價值（並非金錢）。能賺錢也未必能得到價值。我傾向於做有價值的東西，純粹為錢而做不是不好，但其實有很多東西可以賺到錢。不論成功還是失敗，也是市場給你的答案。所以，最好就是做自己有熱誠，而市場也接受的事情！

Q6
如果公司一直不賺錢，是否只能選擇結束業務？

首先，先明白一個事實：很多公司也不賺錢，例如 UBER、WhatsApp、Spotify，甚至經營了二十年的 Amazon，他們都是不賺錢的。這是因為很多公司在成立初期都不賺錢，卻因為能建立到價值，從而能在過程中找到一些市場的支持。

金錢可能是遲點賺回來，但一切都是時間的問題。例如你畫畫，作品在今天不值錢，但可能到一百年後便價值一千萬，那就是有價值。雖然屆時已經與世長辭，但這就是超越時空的價值。只有單單向錢看的大老闆，才會因為公司不賺錢而決定結業。

一旦創業，就堅持下去吧，困難是一定會遇到的。結業，只能是在自己真的無路可走的時候才選擇走的路。其實，很多生意在面對難關的時候都仍有路可走的機會，可惜不夠時間、空間，或有些時候是老闆面對情緒問題，就不得不止步了。創業失敗並不可怕，可以重新再來，但如果不能從中學習，更因而不再創業，那便十分可惜了。

然而，最重要是能從中認識自己，人人都有情緒，也沒有人是完美的。學習處理自己的情緒，如做做運動調整心情，都是一個成長的學習過程。記著，不是不能控制情緒就不能創業，而是自己能透過創業而看到最真實的自己。我想創業家最嚮往的東西，不是讓你在最辛苦的時候，看到自己最不足的地方，而是可以將自己腦海中想到的東西最終變成現實，無論自己是成功或挫敗都有一份成就感，這才是最珍貴的。

Dream BIG

IT'S FREE

—— Andy Ann

結語

一起踏出！

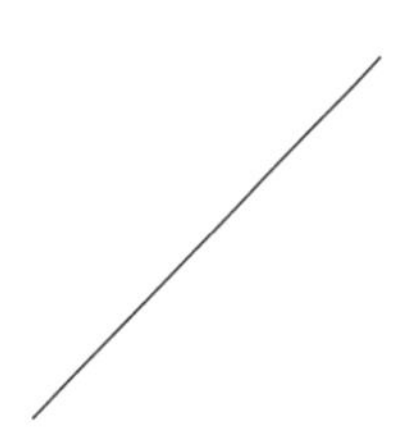

從我 22 歲創業至今，很多原本以為不可思議的想法，在這些年竟然都一一實現。那些年腦海中的好多想法，最終變成現實，這是很神奇的事情。我認為過程是成功或失敗，只要不停止思考，不把「放棄」作為解決問題的其中一個選項，就能度過難關。怎麼算是成功，是由你來斷定的。

寫這本書，我真心希望可以鼓勵大家，為你的夢想勇敢踏出第一步，去行動，去創造。在你創造的過程中，一定會遇到挫折和困難，但我相信只要你積極面對，不懼怕困難，多一些堅持，就會離成功不遠。

一起踏出第一步吧！去創造你的夢想、去體驗奇妙的過程、去挑戰自己，去把想法變成現實。期待你們與我分享創業的心得……

作者 Andy Ann

責任編輯 Yeefai Kwok（前期編輯）
Ivan Cheung（後期編輯）
插畫 Salina Wu
書籍設計 Fairy

出版 研出版 In Publications Limited
市務推廣 Evelyn Tang
查詢 info@in-pubs.com
傳真 3568 6020
地址 香港九龍灣宏通街2號寶康中心4樓404室

香港發行 春華發行代理有限公司
地址 香港九龍觀塘海濱道 171 號
申新證券大廈 8 樓
電話 2775 0388
傳真 2690 3898
電郵 admin@springsino.com.hk

台灣地區
總經銷商 永盈出版行銷有限公司
地址 台灣新北市新店區中正路499號4樓
電話 886-2-2218-0701
傳真 886-2-2218-0704

出版日期 2020年6月30日
ISBN 978-988-78268-9-7
定價 港幣 98 元 / 新台幣 430 元